DK 科学 小实验

·声音·重力·数字·天气·

[英]尼尔·阿德利 著

周茵 等译

科学普及出版社

·北 京·

Original Title: My Science Book Of: 7 Sound
Copyright © Dorling Kindersley Limited, 1991
A Penguin Random House Company
Original Title: My Science Book Of: 16 Gravity
Copyright © Dorling Kindersley Limited, 1992
A Penguin Random House Company
Original Title: My Science Book Of: 14 Numbers
Copyright © Dorling Kindersley Limited, 1992
A Penguin Random House Company
Original Title: My Science Book Of: 15 Weather
Copyright © Dorling Kindersley Limited, 1992
A Penguin Random House Company

图书在版编目（CIP）数据

DK科学小实验. 声音·重力·数字·天气/（英）尼
尔·阿德利著；周茵等译. —— 北京：科学普及出版社，
2017.1（2024.8 重印）
　ISBN 978-7-110-08963-7

Ⅰ.①D… Ⅱ.①尼…②周… Ⅲ.①科学实验 – 青少
年读物 Ⅳ.①N33–49

中国版本图书馆CIP数据核字(2016)第294025号

作　　者：[英]尼尔·阿德利
译　　者：周　茵　王　军　王大锐　盛　力　吕建华

策划编辑：邓　文
责任编辑：邓　文　郭　佳
封面设计：朱　颖
责任校对：王勤杰
责任印制：徐　飞

科学普及出版社出版
http://www.cspbooks.com.cn
北京市海淀区中关村南大街16号
邮政编码： 100081
电话：010－62173865　传真：010－62173081
中国科学技术出版社有限公司发行
北京中科印刷有限公司印刷
开本：635 毫米×965 毫米　1/12
印张：8.5　字数：150 千字
ISBN 978-7-110-08963-7/N·224
2017年1月第1版　2024年8月第7次印刷
印数：29001—34000 册　定价：29.80元

www.dk.com

混合产品
纸张|
支持负责任林业
FSC® C018179

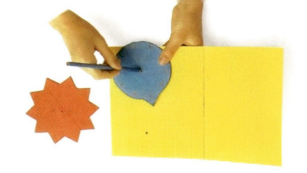

序

　　一切自然科学都以试验为基础。从小培养儿童动手做实验的兴趣和技能，对培养年青一代的科学素养很有帮助。《DK科学小实验》教孩子们使用身边的纸张、木片、塑料、橡皮泥、胶带等做各种有趣的小实验。这些小实验操作简单，又附有美观而清晰的图片，能引导孩子们探索自然界的奥秘，并揭示一些基本的科学原理。这套书会是孩子们学科学的好伙伴。

陈佳洱

（北京大学校长，中国科学院院士）

目 录

什么是声音?

声音是空气的微小振动。你感觉不到空气的振动,但你的耳朵很容易就能感知到声音并由大脑识别出来。声音总是环绕在你的周围,有些声音很动听,有些则很恐怖。有些声音是自然形成的,它们来自人、动物、植物或风,有些则是机器发出的轰鸣。你通过发声的语言与他人沟通,动物也通过声音互相交流。

声音信号

我们常常用声音作为信号。在游戏中,吹哨可以意味着"停止"或"开始"。

海洋里的歌声

鲸在海洋里通过"唱歌"相互联络,它们的歌声在水中可以传出800千米之遥!

声音的速度

气球爆破的声音在空气中不能传播得那么远,但声音在空气中传播的速度为每秒340米,真是够快的。

声音的图像

　　照片里的屏幕上显示的是在母体中的胎儿图像。这幅图像是用耳朵无法感受的高频率声音产生的。这种声音称为"超声波"。

音乐

　　音乐是动听的。你可以在家里用这些自制乐器来演奏音乐。

⚠ 这是警示符号。本书中标注了这个符号的实验步骤，应当请成年人来帮助你完成。

做一个细心的小科学家

　　认真按照实验要求做，并始终小心，特别是在使用玻璃、剪刀、火柴、蜡烛或电器时。不要让任何东西接触口、鼻或眼睛。记住，噪声是有损身体健康的，一定要确保不产生太多使人烦躁的噪声。

制造尖叫

在这个实验中，你无需出声，只用一片塑料片或一根吸管就能发出一些像动物叫似的怪声。

准备好：

一根吸管

一窄条塑料片

剪刀

1 用两个拇指夹住薄塑料片，并让它紧贴着你的手。

2 使劲吹这个窄片，它会发出响亮的尖叫声。

在吹的时候，试着弯曲你的拇指。

1 压扁吸管的一端，并把这一端剪成尖的。

捏着吸管扁的一端。

试着同时吹两个或更多的吸管，并把它们剪成不同的长度。

2 把吸管的尖端放进嘴里使劲吹，会产生怪异的嘎嘎声。

气球的声音

用一个气球来产生响的、尖锐的噪声。你会看到快速运动或"振动"是如何产生声音的。

准备好：

一个打气泵

一个气球

1 给气球打气，并捏住气球的颈部不让气跑掉。

2 拉伸气球的颈部，这时空气的出逃就会产生声音。

空气的出逃使气球的颈部产生快速的往复运动，或叫振动。物体的快速振动就会产生声音。

拉紧或放松你捏着的气球的颈部，你会明白不同的声音是怎样产生的。

人的声音

人演唱时的发声，是气流从人的肺部排出，使喉咙里的声带振动而产生的。不同的口形能发出不同的声音。

声音的探测

我们是怎么听到周围的声音的呢？我们来制作一面塑料鼓，观察它是如何感受声音的。你的耳朵也以同样的方式感受声音。

准备好：

橡皮筋

塑料碗

有柄锅

一块塑料布

谷粒

剪刀

大勺

胶带

1 剪一块比碗口大的塑料布。

2 把塑料布绷在碗口上并用橡皮筋系牢。

3 用胶带将塑料布抻平并粘住。鼓就做好了。

尽量绷紧碗上的塑料布。

4 在鼓面上撒一些谷粒。

5 拿着有柄锅靠近鼓，用大勺短促地敲锅。你会看见谷粒上下跳动。

用大勺敲击有柄锅使它振动。

声音通过空气传播到鼓面，使鼓面也开始振动。

振动使谷粒跳动。

如果你从侧面观察，就能清楚地看到谷粒的跳动。

在耳朵里

你的耳朵里有一小片薄膜，称为耳鼓膜。声音通过我们可以看见的外耳直接到达耳鼓膜。当声音到达耳鼓膜时，使它产生振动，你也就听到了声音。

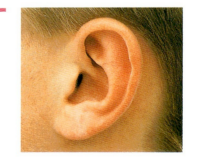

音　枪

声音在空气中以我们看不见的波的形式进行传播，就像水塘中的涟漪一样。我们把这种波称为声波。对着一个目标发声，观察当声波到达时的情形。

准备好：

薄型料膜

挺直的纸

硬纸筒

窄条纸

铅笔

剪刀

橡皮筋

胶带

1 比照硬纸筒在纸上画一个圆。

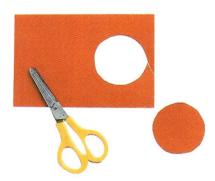

2 剪下这个圆。

3 用铅笔在圆的中心钻一个洞。

4 用胶带把圆粘在纸筒的一端。

5 用薄塑料膜包拢纸筒的另一端，并用橡皮筋系牢。

6 把窄条纸的一端折叠一下，并用胶带将一端粘在一个平面上，使另一端竖立起来。

击打使纸筒里的空气振动，这样就产生了声波。

7 拿着纸筒，让小洞对准窄条纸立起的顶端，快击纸筒的另一端。

声波使空气往复运动，而造成纸条晃动。

声音从小洞中传出。

雪崩

　　雪崩时，大量的积雪忽然从山上滑下。大声喊叫可能导致一场雪崩。

响 纸

用折纸来产生一个声响吧！让你看看折纸的快速运动是如何送出强有力的声波的。你可以用这种方法带给你的朋友一个意外的"惊喜"。他们都会被吓一跳的！

准备好：

一张纸
（大约30厘米×40厘米）

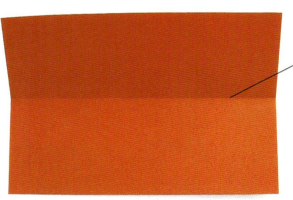

叠这里

中心叠痕

1 把纸的长边折叠在一起，然后再打开。

2 朝着第一次折叠的中心叠痕，叠下四个角。

叠这里并打开

把叠痕压牢

3 沿着第一次折叠的中心叠痕对折。

4 再一次对折，然后再打开。

6 把折纸叠成一个像三角铁似的形状，响纸就做好了。

5 叠下两个顶角。

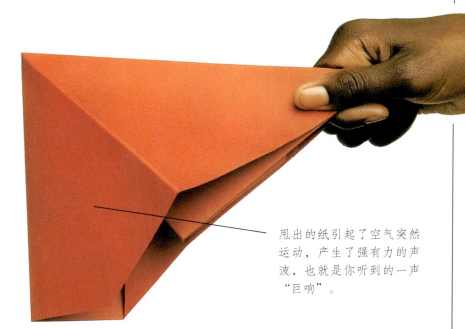

7 抓牢响纸的两个顶角，快速抖腕向下一甩，折纸就响了！

甩出的纸引起了空气突然运动，产生了强有力的声波，也就是你听到的一声"巨响"。

雷声

在雷雨中，闪电从云端高速到达地面，在空气中产生了一个强大的声波。当这个声波传到我们的耳朵时，我们就听到了雷声。

交谈绳

声音不但能在空气中传播，而且也能在其他物体中传播。通过制作简单的"电话"与你的朋友交谈，你会发现，声音通过一根绷紧的绳子的传播甚至要好于通过空气传播。

准备好：

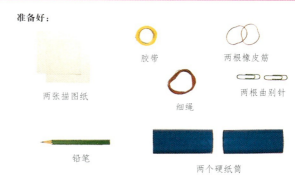

两张描图纸

胶带

两根橡皮筋

细绳

两根曲别针

铅笔

两个硬纸筒

1 用描图纸封住每个硬纸筒的一端，并用橡皮筋固定。

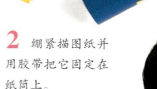

2 绷紧描图纸并用胶带把它固定在纸筒上。

你朋友声音的振动引起了纸筒和细绳的振动。

3 用铅笔分别在描图纸中心钻一个小洞。

细绳的振动使纸筒振动，你就能听到你朋友的声音。

4 将细绳分别穿过小洞后，绳的两端各系一个曲别针，以防细绳从小洞中滑脱。

振动沿着绷紧的绳子迅速传播，如果绳子松弛而不能振动，声音就消失了。

5 用纸筒作为一个简单的"电话"。握住一个纸筒并贴近耳朵，同时请你的朋友对着另一个纸筒轻声讲话，确保线是绷紧的。

音叉

轻叩音叉会发出一个轻柔的乐音。如果你把音叉柄放到一个硬质表面上，乐音响声会更大。音叉的振动传到硬质物体表面，并使它也振动，这时的声音比音叉独自发出声音听起来更响。

听心跳

如何听到像心跳这样微弱的声音呢？制作一个简单的听诊器，与你的朋友一起试一试。你会发现，如何放大一个微弱的声音到能听清楚。

准备好：

剪刀

塑料管

胶带

漏斗

1 把漏斗插到塑料管里，并用胶带固定。

心跳产生的声波被漏斗收集后，沿着塑料管传到你的耳朵里。

小心不要把塑料管戳进耳朵。

⚠ **2** 把漏斗放到你朋友的胸口，把塑料管的另一端放到你的耳边。你将听到你朋友"怦怦"的心跳声。

听诊

医生用的听诊器有两段管子，允许医生用两只耳朵诊听来自幼儿体内的声音。这些声音可以告诉医生，幼儿的体内器官是否工作正常。

大嗓门

怎样才能不用扯开嗓门喊，就使你的声音更大？只用一张纸和一些胶带，你就能制作一个喇叭了。

准备好：

胶带

剪刀

一大张纸

1 把纸卷成一个锥形。

2 用胶带沿纸边缘把卷成的纸筒固定住。

锥形纸筒将喊话的声波送向前方，并防止它向空气中其他方向扩散。

3 把锥形纸筒放到嘴前并对着它喊话，你会发现声音变大了。

锥形纸筒现在成了一个喇叭耳朵，它能够收集微弱的声音并将它们引导到你的耳朵里。

4 把锥形纸筒放到你的耳朵前，你就能很容易地听到微弱的声音了。

回　声

有时，声波是先撞到一个物体后反弹回来，才到达我们的耳朵里的。当这种情况发生时，我们听到的是反弹回来的声波，叫作回声。这个实验就是向你演示回声的产生过程。

准备好：

一个平盘子　　　一个软木盘

几本书

两个硬纸筒

一块"嘀嗒"走动的手表

1 堆起一样高的两摞书。

2 按照上图，小心地在书上放好纸筒。

3 把手表贴近你的耳朵仔细听，确保你能听到"嘀嗒"声。

4 把手表放进一个纸筒的一端。

5 在另一个纸筒的这一端倾听。你听不到手表声。让你的朋友拿平盘靠近纸筒较远的那一端，现在你就能听到手表的"嘀嗒"声了。

声波被平盘弹回并通过第二个纸筒传到你的耳朵里。

手表的声波通过第一个纸筒传播。

声波被软木盘吸收。

再找些材料试一试

试着用一些木头、金属或者棉花放在纸筒的远端，你会发现：硬的表面可以反射声音，而软的表面不能反射声音。

6 现在再让你的朋友用软木盘替换手中的平盘，这次你就听不到手表的"嘀嗒"声了。

用声波"看"

蝙蝠发出高频声波，再从前方的物体反射回来，被蝙蝠的耳朵接收到。回声告诉蝙蝠前方物体的大小和位置，使蝙蝠能在黑夜里飞行以及捕食飞虫。

塑料鼓

乐器是怎样发出声音的？在这个小实验中，做一面鼓来看一看怎样改变音调，使音调升高或降低。

准备好：

橡皮筋

笔

一块塑料布

塑料碗

1 把塑料布盖在碗口上，绷紧塑料布并用橡皮筋固定住。

鼓面及鼓内的空气的振动发出"隆隆"声。

2 用手抓紧塑料布，使其在碗口绷平，用笔敲击鼓面，就会发声。

用笔敲击鼓面，手不断抓紧和放松，音调随之升高和降低。绷紧的鼓面产生高音。

交谈鼓

这种非洲鼓上的弦能改变鼓的音调。在敲鼓的时候按弦，能升高和降低音调，并产生类似非洲语言的声音，恰似有人在交谈。

简单的砂锤

很多打击乐器，当你敲击和摇动它们时，可以产生各式各样的声响。制作一些砂锤，在跳舞时可以用它伴奏，敲打出欢快的节奏。

准备好：

剪刀

塑料瓶

曲别针

彩色胶带

瓶子里面必须是干燥的。

1 在瓶子里放进几个曲别针，拧紧瓶盖。

空心粉

干豆子

大头针

大米

芥末籽

弹球

小扁豆

3 收集一些其他的小物品，用它们来做出一些会发出不同声响的砂锤。

2 握住瓶子来回摇动，曲别针碰撞瓶壁发出独特的声响。

抖腕摇动瓶子。

4 用彩色胶带来装饰你的砂锤。

橡胶吉他

用橡胶带来演奏音乐吧！把橡胶带缠到一个小盒罐上后弹拨它们，就会发出吉他的声响。这个装置将帮助你了解弦乐是如何工作的。

准备好：

很薄的橡胶带

三支彩色笔

一个小盒罐

1 拉伸橡胶带，绕在小盒罐上。

橡胶带振动的消失，是由于小盒罐边的阻碍。

2 弹拨橡胶带会发出十分沉闷的声音。

笔在小盒罐的上面托起了橡胶带。

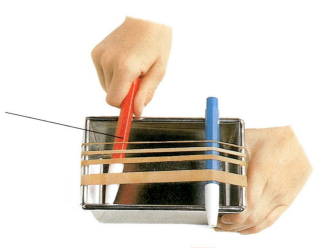

3 在橡胶带下面、小盒罐的两端各放一支笔。

4 再弹拨胶带，会发出比先前清脆的一些声音。

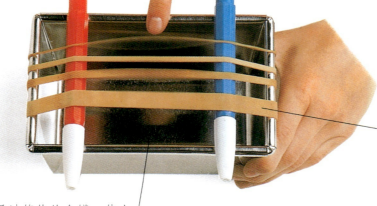

厚重的橡胶带发出低的音。因为它们不像薄的橡胶带那样振动得快。

振动通过笔传给盒罐，使大部分声音来自盒罐的振动。

5 把第三支笔压在橡胶带上，并在弹拨时在橡胶带上面上下滑动，音调就会改变。

当你使振动部分的橡胶带变短时，音就变高。

弦乐

　　吉他演奏者一只手按弦，同时用另一只手拨弦。按弦改变振动弦的长短，也就改变了音调。

瓶子管乐

你可以用一些瓶子和少量的水来演奏你自己的音乐。你会发现，不同数量的空气的振动，会得到各不相同的声音。

准备好：

食用色素或墨水

带柄的小口杯

窄口玻璃瓶若干

1 把瓶子排成一排。你需要六个或更多的瓶子来构成一个音阶。

2 在每个瓶子里倒进不同量的水。

使每个瓶子里的水量逐渐变化。

3 用不同的颜色来标记不同的水量，使它更容易识别、更美观。

4 向每个瓶口轻轻地吹气，每一个瓶子会发出不同的声音。你可以通过改变瓶子里的水量来组成一个音阶。

向瓶口吹气，使瓶内的空气振动。体积小的空气比体积大的空气振动得快。

长的空气柱产生低音。

短的空气柱产生高音。

管风琴

在这个大管风琴中，每一根管产生一个音。当演奏管风琴时，气流吹过每根管基座上的孔，使管内的气柱振动产生音，不断变化的音就组成了音乐。

孔穴来音

木管乐器，比如：长笛、单簧管和双簧管，是带孔的中空乐器，起初是木制的，现在也用金属或塑料制造。你可以自己用硬纸筒做一个木管乐器，并可以发出很多个音。

准备好：

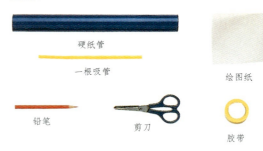

硬纸管

一根吸管

绘图纸

铅笔

剪刀

胶带

1 按扁吸管的一端并剪出一个尖端。

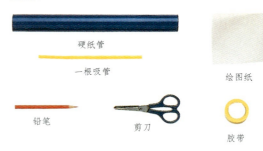

2 用绘图纸包住硬纸筒的一端并用胶带粘牢。

3 用铅笔在绘图纸的中心钻一个小洞。

4 小心地将吸管的圆端穿入小洞。

5 用铅笔沿纸筒钻出六个洞。

吸管振动，致使纸筒内的空气振动。振动气柱的长度至第一孔为止。

6 吹时用手指按住这些洞，当你不时地抬起和盖住这些洞时，你就可以改变音。

振动的气柱越长，得到的音越低。

风笛

演奏风笛时，演奏者挤压袋子，袋子就把风送进管子。管子上有些洞，一个管子演奏一个调，其他的管子各演奏一个调。

图片来源：
B=下，C=中，L=左，R=右，T=上

Catherine Ashmore: 25BL; Clive Barda: 9BL; Dorling Kindersley: 22BL; Pete Gardner: 6BL, 6BR,7CL, 11BR, 17BR; Robert Harding Picture Library: 13BL; The Image Bank: 15BL; Dave King: 6TL; NHPA / Trureo Nakamuta: 6CR; Stephen Dalton: 21BR; Science Photo Library / Alexander Tsiaras: 7TL; Chris Priest & Mark Clarke: 18BL; Scottish Tourist Board: 29CL; Zefa: 27BL

图片研究：
Paula Cassidy and Rupert Thomas

摄制：
Louise Barratt

鸣谢：
Dorling Kindersley would like to thank Claire Gillard for editorial assistance; Mrs Bradbury, the staff and children of Allfarthing Junior School, Wangsworth, especially Idris Anjary, Melanie Best, Benny Grebot, Miriam Habtesellasse, Alistair Lambert, Lucy Martin,Paul Nolan, Dorothy Opong, Alan Penfold, Ben Saunders, David Tross and Alice Watling; Tom Armstrong, Michael Brown, Damien Francis, Stacey Higgs, Mela Macgregor, Katie Martin, Susanna Scott,Natasha Shepherd and Victoria Watling.

什么是重力？

为什么当你跳起来的时候，总会落回地面？这是因为有一种叫作万有引力的不可见的力。万有引力是一种使物体间相互吸引的力。这种力依赖于质量，或者说是组成物体的物质的量。物体的质量越大，吸引力就越大。地球的质量很大，以至于它的吸引力足以把物体吸引到地球表面并把它们吸住。

高台跳水

当跳水者离开跳板时，体重会使他们越来越快地落入水池中。

体重减轻了

月球的质量比地球的质量小得多，因此月球的引力也弱得多。当宇航员在月球上时，他的体重只会有自己正常体重的六分之一，尽管他的质量没有变化。

观察你的体重

地球吸引你的力的大小是确定的，它的大小就等于你的体重。可以用各种秤来计量。

在宇宙中

万有引力使行星按一定轨道围绕着太阳运动，并且将无数的星球维系在极其巨大的银河系中。

落回地面

降落伞缓慢地下落是由于空气向上顶着它。空气推力的作用与重力的作用方向相反。

球的平衡

海狮会用鼻子顶着球的"重力的中心"或者平衡点，来使球保持平衡。

吸引力

每个物体都有吸引力——甚至苹果也会有很小的吸引力，而地球的吸引力非常大，所以物体会落向地面而不落向苹果。

⚠️ 这是警示符号。本书中标注了这个符号的实验步骤，应当请成年人来帮助你完成。

做一个细心的科学家

要按照实验要求做，并始终小心，特别是在使用剪刀或其他利器时。不要让任何东西接触口、鼻或眼睛。

当实验步骤需要你转动或者抛出一些物体时，你应该避开其他人，并到室外或在空地上做实验。

物体下落的力量

重的物体会比轻的物体下落得更快吗？让一个重球和一个轻球同时开始下落，并观察它们哪个先落地，看看重力对每个球的吸引作用有多大。

准备好：

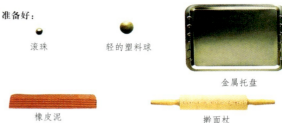

滚珠　　　轻的塑料球　　　金属托盘

橡皮泥　　　擀面杖

当你释放这两个球时，你的两只手一定要保持在同一个高度。

1 称一下你手上的这两个球，滚珠会重一些。将托盘放在地上。

2 在托盘的上方握住这两个球，在同一时刻释放它们。听——你会听见它们一起撞击托盘的声音。

3 滚压橡皮泥。

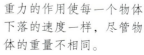

重力的作用使每一个物体下落的速度一样，尽管物体的重量不相同。

4 把橡皮泥铺在托盘里，然后，再一次同时释放两个球，让它们落在橡皮泥上。

滚珠的撞迹更深，因为作用于它的重力更大。

5 小心地拿起这两个球，看哪一个球在橡皮泥上的撞迹更深。

作用于较重物体上的重力会比作用于较轻物体上的要大。但是使较重物体运动，也需要更大的力。因此，所有的物体都以同样的速度下降。

空气的支撑

很轻的物体，如蒲公英的种子，下落得很慢，甚至在空中飘浮。它们太轻了，以至于空气可以将它们举起。空气的作用与重力的作用相反。

着落点

使一些轻重不同的球从溜槽的顶端滚下，并试着估计它们恰好落在哪里。想一想，有多少球落在相同的地方。

准备好：

塑料杯

大小不同的球

硬纸板盒盖

胶条

剪刀

条状卡纸板

使盒盖的一部分高度高于另一部分的高度。

1 将硬纸板盒盖剪成两部分，然后在每一部分上剪出一个半圆形。

2 在条状卡纸板的两端剪数个小口。

3 弯曲条状卡纸板，并将两端分别粘在硬纸板盒盖的两部分上，做成溜槽。

4 用支撑物架高溜槽。让一个球从溜槽顶端滚下，将塑料杯放在球落下的位置。

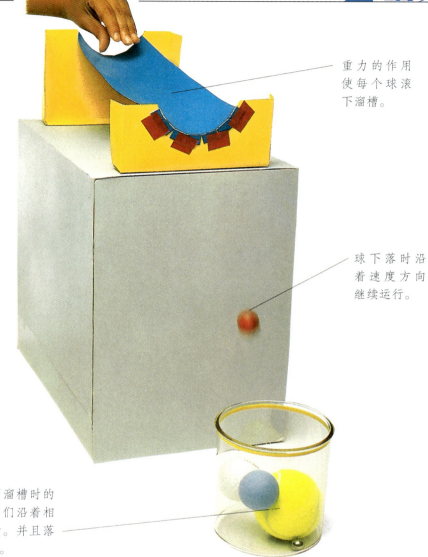

重力的作用
使每个球滚
下溜槽。

5 让这些球从溜槽的
顶端一个一个滚下。它
们全部落在了塑料杯
里，尽管这些球的大小
不同。

球下落时沿
着速度方向
继续运行。

所有的球脱离溜槽时的
速度相同。它们沿着相
同的路径运行。并且落
在相同的地方。

高山滑雪

滑雪运动员飞速滑下陡峭的滑道，悬在空中。在重力的
作用下，以一定的速度在空中继续向前运动，经过一段距离
后才落地。

斜面赛车

在这个小实验中，进行一场汽车比赛，让小汽车从不同高度的斜面上驶下，看一看它能跑多远、跑多快！重力使它们跑得越远也越快。

准备好：

剪刀

有盖的硬纸板盒

玩具汽车

缝的长度应该剪到此端宽度的一半。

剪出有盒盖宽度一半那么长的缝。

剪一个角，使盒盖能打开。

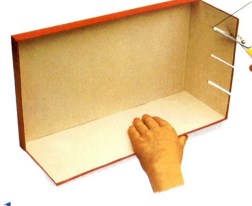

1 剪下硬纸板盒相邻的两个侧面。在留下的两个侧面中较短的那一面上剪三条缝。

2 剪盒盖，使其宽度与盒子一边的宽度相同。再在靠近端部剪一条缝。斜面就做好了。

重力让汽车驶下了斜面，并运动了一小段距离。

3 将做好的斜面装入纸盒最底下的缝里，然后在斜面的最上端释放玩具车。

4 将斜面装入中间的缝，再一次释放汽车。这次汽车跑得较快，并且驶过的距离较远。

5 将斜面装入顶端的缝。现在汽车急速驶下斜面，并驶过了更长一段距离。

这个斜面较高，因此汽车行驶速度较快。

当从最高的高度释放汽车时，重力的作用使汽车获得了最快的速度。

抓牢!

没有发动机的车沿光滑的、流线型的轨道行驶——唯有重力提供了它沿轨道运行所必需的动力。车疾速驶下一个陡坡，这给予了它足够的速度完成以后的行驶。

简单的摆

制作一个摆动装置。看看每次摆动的时间是否都相同，如果改变摆的重量或长度，又会发生什么情况？

准备好：

胶带

三个较大的金属螺帽

绳子

剪刀

秒表

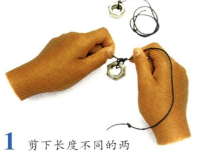

1 剪下长度不同的两段绳子，每段绳子都系上一个金属螺帽，摆就做好了。将较短的摆用胶带系在支架上。

2 使摆摆动。测量摆从一边摆到另一边再摆回来所用的时间。再从高一些的地方释放摆锤（螺帽），并再一次测量时间。

在摆的角度不大时，无论摆从哪里开始，每次摆动所用的时间都相等。

当摆锤摆到最高点时，重力将摆锤拉回来。

3 再加上一个金属螺帽，使摆更重一些。

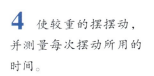

4 使较重的摆摆动，并测量每次摆动所用的时间。

较重的摆与较轻的摆摆动一次所用的时间相同。

短的摆摆动一次所用的时间少一些。摆绳的长度不同会影响摆动所用的时间。

5 现在，再将长的摆系在支架上。调整好两个摆，使它们在同一时刻开始摆动，并给它们计时。看看它们如何以不同速度摆动。

老式摆钟

老式的有摆大座钟，包含一个用于控制运动的摆。这种钟之所以能持续测时是因为它的摆来回摆动一次所用的时间总是精确地相同。

水 钟

你知道怎样用下落的水测量时间吗？我们来制作一个简单的水钟，它的工作原理是：由于重力的作用，使水按一定的时间周期规律地下落。

准备好：

四个曲别针

塑料杯

水

透明塑料瓶

四根结实的细棍

粘贴的标签

秒表

笔

⚠ **1** 请成年人帮助剪去塑料瓶的顶部。然后在靠近塑料杯底部的地方用细棍钻一个小洞。

2 用曲别针将细棍固定在塑料瓶上，做成一个支架。

3 在可粘贴的标签上做一个记号，并把它贴在瓶子的壁上。往瓶子里加水至记号处。

4 将杯子放在支架上，给杯子装满水。当水开始流出时，用秒表计时。

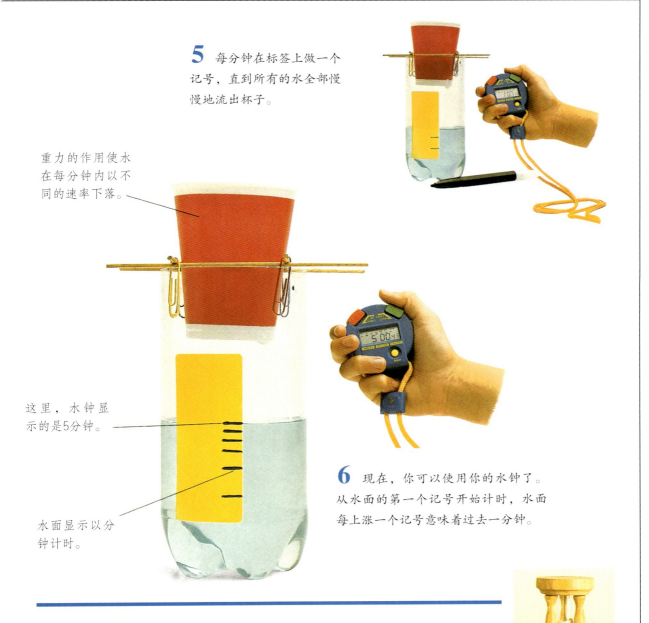

5 每分钟在标签上做一个记号，直到所有的水全部慢慢地流出杯子。

重力的作用使水在每分钟内以不同的速率下落。

这里，水钟显示的是5分钟。

水面显示以分钟计时。

6 现在，你可以使用你的水钟了。从水面的第一个记号开始计时，水面每上涨一个记号意味着过去一分钟。

计时的沙子

这个煮蛋计时器计量煮熟一个蛋所需要的时间。它的内部装有沙子。沙子总是用3分钟时间从顶部下落至底部。要重新启动这个计时器，只需将它倒转过来。

平衡作用

重力似乎是作用在物体的一个点上，即"重心"。找到"重心"，让这个不规则形状的纸板在你手指上平衡。

准备好：

铅笔

直尺

橡皮泥

剪刀

纸板

棉线

曲别针

胶带

⚠ **1** 从纸板上剪出一个形状不规则的图形。

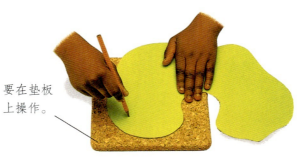

要在垫板上操作。

2 用铅笔尖在不规则形纸板相对应的、靠近边缘的地方捅两个小洞。

3 现在，来制作铅垂线。在棉线的一端系一个环扣，在棉线的另一端固定一块橡皮泥。

4 将曲别针弄直做成一个钩子，挂在桌子的边缘上。再将不规则形纸板及铅垂线挂在上面。

5 当铅垂线停止运动时，在铅垂线停留并靠近纸板边缘的地方画一个"×"。

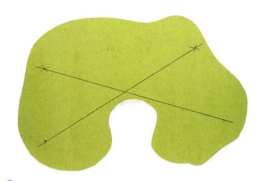

6 从钩子上取下纸板并在"×"和小洞之间画一条直线。将纸板上的另一小洞穿过钩子悬挂纸板，并重复步骤4～6。

两条直线的交叉点就是这个不规则形纸板的重心。

重力均衡地作用于纸板重心周围的所有点上，因此纸板是平衡的。

在平衡木上

这位体操运动员能在平衡木上保持平衡是因为她的重心完全停留在平衡木的正上方。

7 将手指顶在纸板上两条直线的交叉处，纸板就平衡了。

灵巧的 "小丑"

制作一个能在高架钢丝上平衡倒立的 "小丑"，并且不会掉下来！你必须让 "小丑" 的重心位于钢丝的下方。

准备好：

 两个金属螺帽

 橡皮泥

 彩笔

 绳子

 卡纸板

剪刀

 两个装满水的瓶子

1 在卡纸板上画一个伸长手臂的 "小丑"，涂上颜色。

2 剪下 "小丑" 并在它的鼻子上剪一个小缺口。

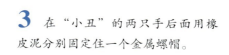

3 在 "小丑" 的两只手后面用橡皮泥分别固定住一个金属螺帽。

4 在瓶颈上系上绳子，挪开两个瓶子来制作"高架钢丝"。

5 将"小丑"放在绳子上，使绳子卡在它鼻子的缺口上。"小丑"平衡了。缓缓地拉它，它摇来摇去，但是不会掉下来。

"小丑"重量的绝大部分集中在它手臂端部较重的金属螺帽上。

稳固支架

电视摄像机需要稳定的支撑。它被放在一个带有重底座的支架上。这使它的重心降低，从而不容易翻倒。

"小丑"不会翻下来是由于它的重心在绳子的下方。重力将"小丑"向下拉，固定在绳子上。

滚呀滚上坡

轮子能自动上坡吗？如果你改变轮子的重心，那么当重心下降时，轮子就会升高。

准备好：

玻璃球

圆形瓶盖　　　硬纸板

橡皮泥　　　　橡皮筋

1 将橡皮筋绑在圆形瓶盖上。

玻璃球要紧挨着放。

2 用橡皮泥将玻璃球粘在瓶盖里。

必须使玻璃球位于轮子的顶部，并朝向斜坡的上方。

重力向下拉玻璃球，使其位置尽可能地降低。

3 折叠纸板，做成一个斜坡道。将轮子放在斜坡的底部。

轮子的重心在玻璃球上，因为它们是这个轮子最重的部分。

4 释放轮子，轮子滚上了斜坡，并停在靠近顶部的地方。

不倒的熊猫

这个会摇摆的玩具有一个重的底座。如果你推倒它，它的低重心会使它再次站起来。

好玩的飞行器

想要抓住一个不会直线飞行的气球是很有趣的。气球的重心随着它的飞行路线的变化而变化，使气球摇来摇去。

准备好：

两个气球

水

气球泵（打气筒）

1 往一个气球里面注一些水，然后在气球的颈上系一个结。

2 将装有水的气球塞入另一个气球，然后给这个气球充气，并且系好颈口。

气球摇摆是因为它的重心随着它的运动而变化位置。

气球的重心是在装有水的气球上。

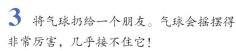

3 将气球扔给一个朋友。气球会摇摆得非常厉害，几乎接不住它！

超级天平

当你拿起一些很小的物品时，你会感到重量很轻。但是即使再轻的物体也有重量。制作一个灵敏的天平，使它能够检测出很轻的物体的重量。

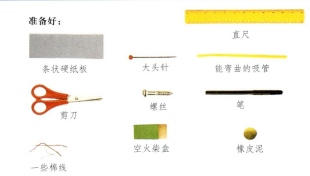

准备好：

直尺

条状硬纸板　　大头针　　能弯曲的吸管

剪刀　　螺丝　　笔

空火柴盒　　橡皮泥

一些棉线

1 将一些橡皮泥压入吸管长的一端，然后将螺丝拧入橡皮泥。

2 在吸管的另一端剪一个缺口。

⚠ **3** 在吸管靠近螺丝的地方将大头针穿过。

4 将火柴盒外缘部分剪开成两半，制成一个支架。

5 在条状硬纸板上画上标尺，然后折弯硬纸板，将它立在吸管缺口一端的后面。

折弯吸管的一端。将大头针放在支架上。

调整螺丝，使吸管的一端与标尺顶部记号平齐。

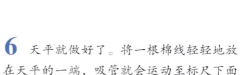

6 天平就做好了。将一根棉线轻轻地放在天平的一端，吸管就会运动至标尺下面的记号。

棉线使天平的这一端稍微重了些。重力作用于棉线，因此吸管倾斜。

物体的重量是重力作用于物体而产生的。

重量检测

科学家使用非常灵敏的称量器械来测量微量的化学物质和药品的重量。这样的称量器械能准确测量万分之一克的重量。

重物提升器

　　地球的引力将每一个物体往下拉。但有一些力与重力的作用相反，让我们看一看水是如何往上推物体，并且使物体的重量减轻的。

准备好：

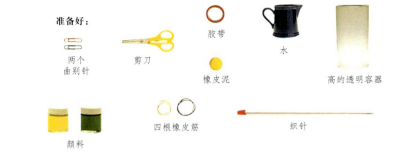

两个曲别针

剪刀

胶带

水

橡皮泥

高的透明容器

颜料

四根橡皮筋

织针

1　给每个瓶子套上一根短的橡皮筋。展平曲别针并将它们钩在橡皮筋上。

在织针尖的一端固定一些橡皮泥。

一个瓶子悬挂在容器里。

2　将织针架在容器上。用长的橡皮筋将两个瓶子悬挂在织针上。

3　用胶带将织针固定在容器上。

两个瓶子被悬挂在同一高度，因为它们的重量相同。

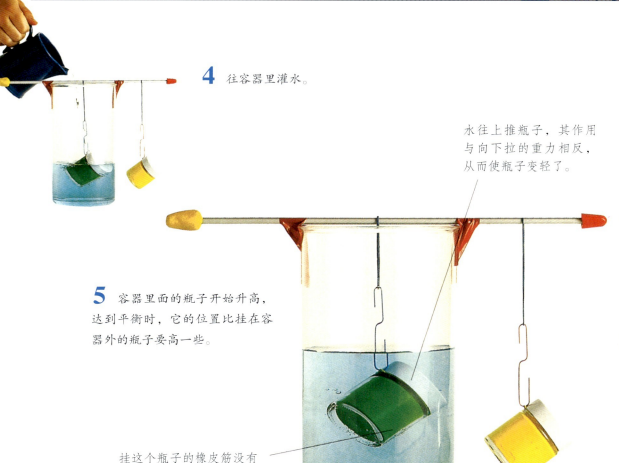

4 往容器里灌水。

水往上推瓶子，其作用与向下拉的重力相反，从而使瓶子变轻了。

5 容器里面的瓶子开始升高，达到平衡时，它的位置比挂在容器外的瓶子要高一些。

挂这个瓶子的橡皮筋没有被拉得那么长，是因为瓶子受到了水的浮力，抵消了一部分重力。

运输木材

要在陆地上运输这么大量的木材是很费劲的。这就是为什么要在水上运输木材的原因。水对木材的作用与重力向下拉的作用相反，水"举起"这些木材，使它们搬运起来容易一些。

奇怪的瓶子

你能用底部有洞的瓶子提水吗？我们来看一看空气是怎样阻止水下落的，水又怎样向重力挑战！

准备好：

剪刀

水

碗

有螺口的塑料瓶

⚠ **1** 用剪刀在瓶子的底部扎几个洞。

2 让瓶子立在碗里，并且迅速地往瓶子里注水，立即旋紧瓶盖。

提瓶子时手要拿住瓶口，并且不要挤压瓶子的壁。

3 提起瓶子，水并没有从洞里流出来。

空气在瓶子下面顶住了洞口。空气的作用与重力的作用相反，因此阻止水通过洞口下落。

当瓶盖被旋松时，空气进入了瓶子，并且向下压水。

重力现在能把水拉下来了。

聪明的树蛙

　　树蛙用趾尖上的肉垫来紧紧抓住树。当它紧握树叶和树枝时，挤出肉垫中的空气，外界的空气便能紧紧地抵住肉垫，使它不会滑落。

4 现在，旋开瓶盖，水便从洞口射出。

图片来源：
B=下，C=中，L=左，R=右
T=上

Allsport: 6TL, 7TL, 19BR;
Bridgeman Art Library: 15BR;
J. Allan Cash: 21BL; Colorsport:
11BL; Pete Gardner: 22BL; The
Image Bank / Guido A. Rossi: 27BR;
Frank Lane / HD Brand: 29BR;
NASA / Science Photo Library: 6TR,

7TR; Planet Earth Pictures / Mike
Coltman: 7CR; Pictor International:
9BR, 13BR; Tim Ridley: 7BL, 17BR;
Science Photo Library / David Leah:
25BR

图片研究： Clive Webster

科学顾问： Jack Challoner

补充摄影： Dave King and Tim Ridley

鸣谢：
Dorling Kindersley would like to
thank Jenny Vaughan for editorial
assistance; Basil Snook for
supplying toys; Mrs Bradbury, Mr
Millington, the staff and children
of Allfarthing Junior School,
Wandsworth, especially Hannah
Carey, Richard Clenshaw, Nadeen
Flower, Alex MacDougald, Keisha
McLeod, Kemi Owoturo, Casston
Rogers-Brown, Ben Sells, Cheryl
Smith, and Michael Spencer.

数字是什么？

数字并不仅仅可以告诉我们"多少"，我们还需要用数字来表示"几岁啦""有多远"和"有多大"。用数字你可以精确地描述数量或数值。没有数字，你就不能告诉别人时间，给自己的朋友打电话，或者清点自己口袋里的零花钱。对于科学家来说，数字是很重要的，他们需要用数字来进行实验，并记录实验结果。

手的帮助

我们的数字体系是以十为基础的。这可能是因为人们最早开始计算的时候，是用自己的十个手指来帮助数数的。

标志牌

数字可以用来标志事物——就像给它们命名一样。这只企鹅身上挂着写有它自己号码的标牌，这样，科学家就能认出它来了。

生日快乐

没有数字，你就不知道在自己的生日蛋糕上要插上多少支蜡烛！

数字告诉你的事情

数字也可以用来记录与人有关的信息。瞧，大人正给这个刚出生的婴儿称体重，开始记录她的成长啦。

跳一跳

当你跳绳时，心脏就会比平时跳得快一些。测测你的心脏每分钟跳多少下——这就是大人们使用数字的一种方式。

二进制

计算机使用数字工作。计算机所用的数字系统是以"二"而不是以"十"为单位的。我们把它叫作"二进制"系统。

 这是警示符号。本书中标注了这个符号的实验步骤，应当请成年人来帮助你完成。

做一个细心的小科学家

认真按照实验要求做，并始终小心，特别是在使用剪刀、锋利的或带尖的东西时，不要让任何东西接触口、鼻或眼睛。做完实验以后，记得把所有的东西都收拾干净。

数 盘

你知道数字式手表、钟和计算机是怎么显示数字的吗？来制作一个你自己的数字显示板吧。

准备好：

胶带

一个大的硬纸筒
两个小的硬纸筒

剪刀

标志笔

铅笔

描图纸

纸条

1 用一小片描图纸，把这个图形描下来。用黑色笔在图形的边缘涂上颜色，但七个白色部分除外。

勾画出黑色长方形的轮廓，这就是你的数字骨架啦！

2 在纸条上描绘从0到9这十个数字。把纸条剪成两半。一半上是9到5，另一半上是4到0，把数字部分涂上颜色。

把数字涂上红色。

把纸的其余部分涂黑。

⚠ **3** 用描图纸标出一个与数字骨架大小相同的窗口，标在大的硬纸筒上。然后剪下来。

从硬纸筒上边缘向下2厘米处开一个小窗。

从0到9，所有的数字，都可以在这个窗口上出现。转动纸筒，窗口上能出现任何数字。

4 用胶带把数字骨架粘在大纸筒里面，这样，就可以从窗口看到数字骨架了。

5 在每个小纸筒的顶部用胶带粘上一圈写好数字的纸条。

6 把一个小纸筒塞进大纸筒。转动小纸筒，就能依次看到一个又一个的数字。再试试另外一个小纸筒吧！

数字式手表

数字式手表用同一种模式显示数字。数字骨架也由七部分组成。用来组成一个数字的各个部分在电流经过时就变成了黑色，在屏幕上显示出来。

算 盘

来制作一个算盘吧！它用一些珠子表达几百、几十或几个单位。拨几下小珠子，你就能进行从0到999的加减运算啦。

准备好：

硬纸盒

胶带

三种不同颜色的小珠子，每种准备九个。

细绳

剪刀

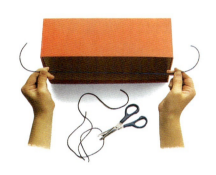

1 剪三根绳子。

2 把颜色相同的九个珠子，分别串在三根绳子上。

用蓝珠子表示个位。

用黄珠子表示十位。

把第一根绳子固定在中间。

用绿珠子表示百位。

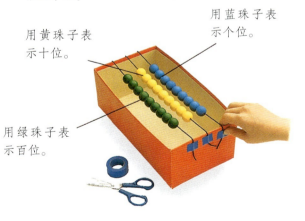

3 把串有珠子的绳子在盒子上面拉直，用胶带把绳子固定在盒子两端。把第二条绳子也按这种方法固定住。

4 把第三条绳子固定住。这就是你的算盘了。把所有的珠子都移到盒子的一侧去。

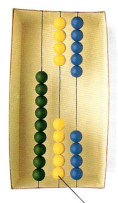

5 首先，在算盘上试着计数。拨动个位珠（蓝色珠），每数一个数，往上拨一个珠子，依次从1数到9。数到10时，就把所有的蓝珠子拨下来，把黄珠子推上去一个，就这么计数。

现在算盘上表示的是45，没有百位，四个10，五个1。

6 现在试着做加法运算。比如45加277：你在个位加七个珠子，十位加七个珠子，百位加两个珠子，答案就出来了，再试着做几个加法运算，然后用算盘做减法练习。

在个位加7时，将下方剩下的四个蓝珠子推上去，还需要再加三个。因此，把所有的蓝珠子都拨下来，把十位上的黄珠子推一个上去。然后再推两个蓝珠子。

百位　十位　个位

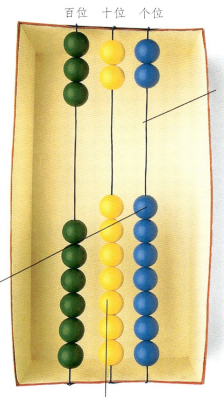

现在，算盘上表示的是三个100，两个10，两个1，也就是是322。

用相同的方法加上七个10。然后再加两个100。

古老的计算工具

　　算盘是大约三千年以前由中国人发明的，但现在世界的一些地方还在使用它，尤其是在亚洲地区。熟练的人可以在算盘上飞快地进行加、减、乘、除运算。

计算尺

来制作一个简易的计算尺吧！可以帮助你运算。只要把一个卡片上下拉动，你就可以进行总数在20以内的任何两位数的运算了。

准备好：

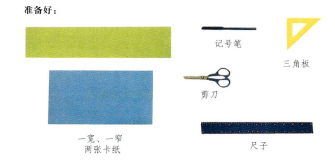

记号笔

三角板

剪刀

一宽、一窄
两张卡纸

尺子

使宽卡纸较宽的部分与窄卡纸的宽度相同。

1 折叠宽卡纸，使得一边比另一边宽一些。

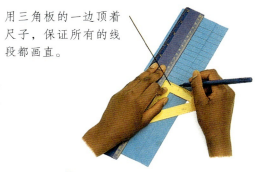

用三角板的一边顶着尺子，保证所有的线段都画直。

2 用尺子和三角板在宽卡纸上折叠后两部分交叉的边上各画出21个小格子。

3 在卡纸的两条边上的21个小格里，都各自填上从0到20的数字。

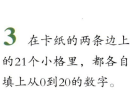

4 把窄卡纸夹到折好的宽卡纸里，按照图上的指示，画11个小格。

5 在小格里写上从10到1的数字。再在每个数字前面画上一个"+"。在最下边一个小格处，剪开一个小窗口，挨着它画一个"="。

这里，计算尺显示8+10=18。每两个小格里的数相加都等于18。

因为每个数字小格的宽度都相等，所以这把计算尺能算得准。

6 把窄卡纸夹回到对折好的宽卡纸里，上下滑动，进行运算。计算的得数就可以在小窗口读出来了。

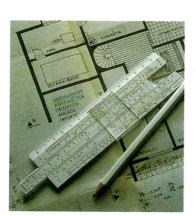

解题能手

　　大多数计算尺都可以用来进行加、减、乘、除运算。在电子计算器发明之前，人们就用计算尺解决难解的数学问题。

玻璃球的滑道

来玩一个能记录你的得分的游戏吧！游戏盘里的玻璃球可以用一种"曲线图"的方式来亮分。曲线图可以用图形来表示数字。

准备好：

硬纸筒

薄卡纸条

剪刀

胶带

两片薄卡纸

一些玻璃球

记号笔

这就是游戏盘。

1 把一张卡纸叠成手风琴那样的形状。折出11个等距的褶来。把薄卡片条沿着长的方向对折一下。

2 把另一张卡纸粘在游戏盘上面的一端，把折好的卡片条粘在游戏盘的另一端。

用折好的卡纸条挡在游戏盘的一头。

3 在平展薄卡纸中间的位置，粘上一个硬纸筒。这就是你的滑道啦！

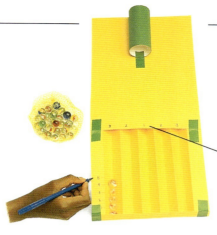

4 在游戏盘上方的薄卡纸上标注数字。在游戏盘靠外的槽里放入五个玻璃球，在这个槽的边缘上画线并从下向上依次写好1到5，注意每条线要正好画在每个弹球的顶部。

在中间标1，接下来两侧标两个2，最靠外的两边各标上3。

5 在滑道的一头垫上几本书。现在你就能玩了。把十个玻璃球滚下滑道。再看看你的得分。你的朋友的得分能比你的高吗？

这些槽里的玻璃球组成了一幅曲线图。看看槽边上的刻度，用不着数，你就能知道每个槽里有几个玻璃球。

中间槽里的每个玻璃球得1分，挨着它的槽里的一个玻璃球算2分，最外边的槽里一个玻璃球算3分。得分最多的人就赢了。

用图形表达数字

曲线图是同时看清和了解大量数字的一种好方法。计算机可以储存许许多多的数字，还能绘出这种曲线图。

小雪花

自然界里，许多东西有"对称线"。如果你把这张纸沿着对称线对折一下，线两边的部分正好重合。来制作几片小雪花吧——它们全是对称的，但是每朵都不相同。

准备好：

剪刀

圆规

纸

1 在纸上用圆规画一个大大的圆圈。

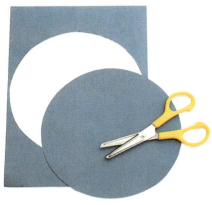

2 用剪刀把这个圆剪下来。

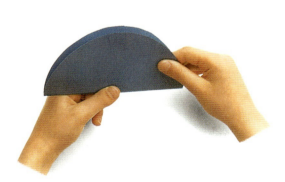

3 把这个圆对折一下。当心，别把纸叠得太用力了。

4 把折好的半圆再折两个褶，这样，半圆就被分成三等分了。

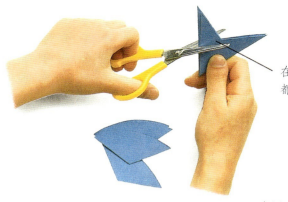

在每个 "V" 形槽之间都留一点距离。

5 在折好的圆边上剪出一个深深的 "V" 形槽。然后，再在其他的边上剪出一些较小的 "V" 形槽。

6 慢慢地把折好的纸打开，铺平它，瞧，你的小雪花做成了！再试着多做几朵吧。

你做出来的雪花有三条对称线。这说明如果纸沿着三条对称线中任何一条对折一下，线两边的图形都会正好重合。

在圆的边上剪出的深 "V" 形槽变成了六个。

你剪出的每个较小的 "V" 形槽，形成三个重复的图案。

天然的数字

这是两片真正的雪花，当然是放大以后的照片。每片雪花都是对称的。虽然世界上还没有发现过两片完全相同的雪花，但是，所有的雪花都有对称线。

数字音乐

你知道怎么用数字弹出一支曲子吗？我们用一个装面巾纸的纸盒制作一个吉他，然后用数字写下你的曲子，你就可以多次弹奏它啦。

准备好：

胶水

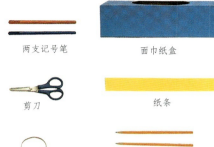

两支记号笔

面巾纸盒

剪刀

纸条

胶带

橡皮筋

三支铅笔

1 按照面巾纸盒的长度剪好纸条。把它折成三份。打开来，再对折一下。然后再对折一下，成为四等分。

从右向左，在纸痕处标上数字。

2 把纸打开，在你折的纸痕处标上标记和数字。

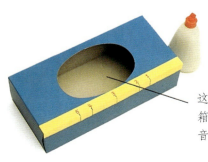

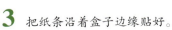

3 把纸条沿着盒子边缘贴好。

这个盒子就是你的"音箱"，可以使演奏出的音乐声音放大。

4 用胶带在盒子的两端各粘上一支铅笔。

5 将橡皮筋绕过铅笔绑在纸盒上，一定要绑紧了。

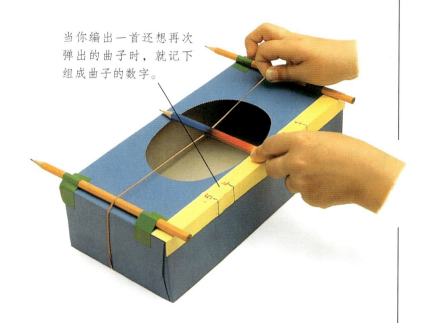

这两支铅笔可以把橡皮筋撑开。这样，你就可以拨动它了。

当你编出一首还想再次弹出的曲子时，就记下组成曲子的数字。

6 你可以弹拨自己的吉他了。用第三支铅笔压住橡皮筋，按在盒边数字的位置上，并用手指弹橡皮筋演奏。

数字化的音符

当演奏乐曲时，这台计算机内的程序就可以把它记录下来。每个音符都在键盘上有代表它的数字。当人们演奏一支乐曲时，计算机的记忆系统就会把它作为一连串数字，储存起来。

称重器

我们可以运用数字准确地表示一些东西的重量。这次，我们要制作一个"弹簧秤"——它是通过拉伸橡皮筋工作的。你可以用一些玻璃球来代替秤砣，来称出东西的重量。

准备好：

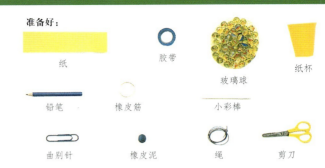

纸　　　　　胶带　　　　　玻璃球　　　　　纸杯

铅笔　　　橡皮筋　　　小彩棒

曲别针　　橡皮泥　　绳　　剪刀

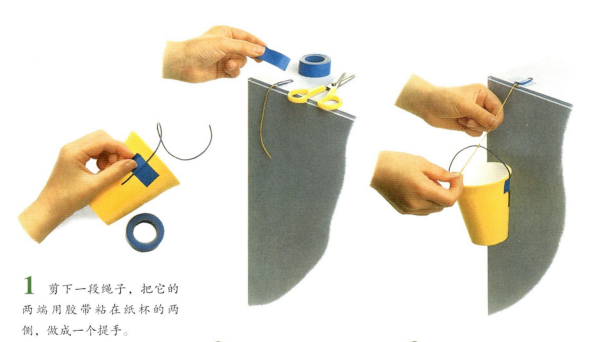

1 剪下一段绳子，把它的两端用胶带粘在纸杯的两侧，做成一个提手。

2 剪一段橡皮筋，把一头系在曲别针上，然后把曲别针粘在桌沿上。

3 把橡皮筋的另一头系在纸杯提手的中间位置。

空杯时，做一
个记号。

注意：玻璃球的大
小一定要相同。

成对添加玻璃球，每
加一次就做一个记号
并标注数字。

⚠ **4** 在桌子边上粘一个纸条当
标尺用，用小彩棒从纸杯壁轧
过去，做成一个指针。

5 把两个玻璃球放入纸杯，在标尺上做一个
记号。当你把所有的玻璃球都加完以后，再腾
空纸杯。用你的秤去称称小东西吧。

称重量

　　这个弹簧秤可以准确地称量重物。它的工作原理是：在秤
盘上加的东西越重，弹簧拉得就越长。弹簧拉长的长度能显示东
西的重量。当你把东西从秤盘上取走以后，弹簧就又回到原来的
位置了。

计数轮

计数轮是怎么工作的呢？自己动手做一个就明白了！秘密就在于它的两个"V"字形齿的齿轮——一个轮转一个圈后，拨动另一个轮转过一个齿。

准备好：

描图纸

剪刀

三片彩色卡纸

记号笔

胶水

两个大头针

铅笔

1 用描图纸把下面两个图形的轮廓描下来。把描图纸翻过来盖在彩色卡纸上，摩擦描图纸的背面，使得图形轮廓印在彩色卡纸上。

⚠️ **2** 把两个图形都剪下来，用铅笔在中心扎一个小孔。

这是十位轮。

在每个图形的中心都做一个标记，然后扎一个小孔。

这是个位轮。

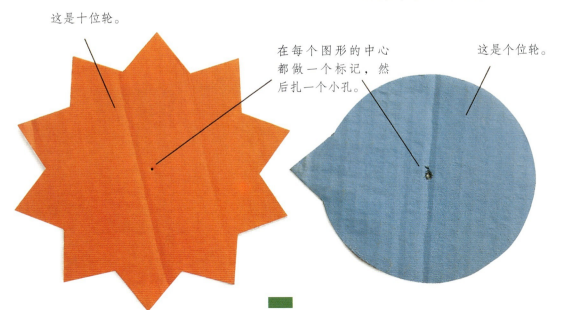

在个位轮上按顺时针方向写下从0到9的数字。

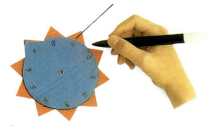

3 把个位轮放在十位轮上，使两轮的齿尖重合，像上图那样，在个位轮的齿尖上写下7，然后按顺时针方向写下从0到9的数字。

4 在十位轮上按逆时针方向写下从0到9的数字。

这两个轮应该稍稍超出黄色卡纸的边缘。

5 把两个轮紧挨着放在第三张卡纸上。把这张卡纸折起来。这样，卡纸就可以把每个轮的大部分遮住，并折出了折痕。

6 用铅笔穿过每个轮的中心，在黄色卡纸上扎一个小孔。然后，把两个齿轮拿开。

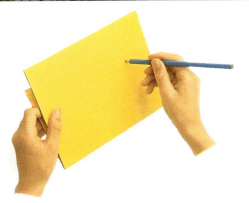

注意：要使两个轮顶上的数字为0。

⚠️ **7** 再次折起卡纸并把它翻过来。用铅笔在刚才扎过孔的地方再扎一下，刺穿卡纸另一侧。

8 从废卡纸上剪下两个三角形，橘红色和蓝色各一个，做成两个指针，把它们粘在两个小孔的上方。把轮放回原位，用两个大头针分别穿过所有的孔。

当个位轮从9转回到0，十位轮就会转动1个格。

9 计数轮就做好了。将个位轮按逆时针转动，开始计数。你可以显示从0到99的数字。上图计数轮上显示的是19。

连续计数

汽车里使用的里程表的工作原理和你做成的计数轮一样。在这些小计数表上标着从0到9的数字。在汽车行驶时，这些计数表上的指针就会转动起来，计下汽车走过的千米数。

心跳多少次？

你的心脏一分钟能跳多少次？在这个小实验中，请一位朋友摸一摸你的脉搏，你就能知道自己的心跳次数了。你的脉搏次数与你的心脏跳动次数是完全一样的。

准备好：

秒表

跳绳

在你的手腕内侧就可以摸到脉搏。

这时朋友数出的脉搏次数会更多。锻炼之后，你的心脏显然跳得快多了。

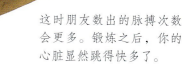

1 请一位朋友用他（或她）的食指和中指摸到你的脉搏。启动秒表，记下一分钟之内你的脉搏的次数。

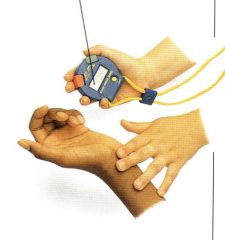

2 来，跳跳绳，越快越好，跳上一分钟。

3 请你的朋友再数一下一分钟之内你的脉搏数。

上楼梯和下楼梯

制作一个数字梯，然后玩一个有"正数"和"负数"的游戏。在这个游戏里，正数表示"向上"，而负数则表示"向下"。

准备好：

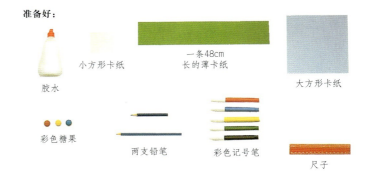

胶水

小方形卡纸

一条48cm长的薄卡纸

大方形卡纸

彩色糖果

两支铅笔

彩色记号笔

尺子

1 用尺子在小方形卡纸的四个角之间画两条对角线。

在不同的区域上，各标上−1,0,+1和+2。

2 把各区域涂上不同的颜色，然后用一支铅笔从方形卡纸中心穿过（即两条对角线的交叉处），这就是转子。

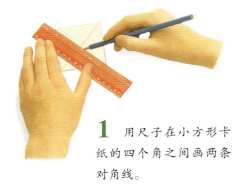

用尺子量量每个褶的长度。

3 把薄卡纸条折15个褶，做成手风琴的形状，相邻的褶相距3厘米。再把卡纸打开，就做成了一个梯子。

4 像上图这样，把梯子粘到大方形卡纸上。然后等胶水干了。

5 从下往上在梯子上标好数字，第一个数是"-3"，最顶上一个数是"+3"。把0写在正中间。

第一个上到梯子顶的就赢了！

转子如果停在正数上，就向上走，停在负数上，就往下走。如果停在0上，那就别走了。

6 找几个朋友一起来玩游戏吧。从梯子中间开始玩。轮流转动转子，按照你转出的数字走，或者往上，或者往下，看你的了！

零以下的数

温度计使用正数、0和负数来显示温度。这个温度计用摄氏度（℃）表示温度。0℃是水结冰的温度。0℃以下的温度都用负数表示。比如-3℃，就是零下三摄氏度。

太阳钟

你能用影子和数字判断时间吗？来制作一个简单的影子钟吧。因为太阳在天空中移动时，影子的方向就会改变，这就可以报时了。

准备好：

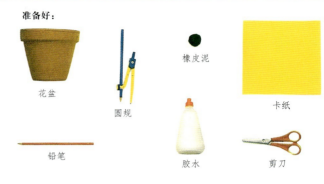

花盆　　圆规　　橡皮泥　　卡纸　　铅笔　　胶水　　剪刀

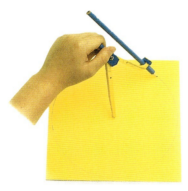

1 用圆规在卡纸上画一个大圆圈。

⚠ **2** 把圆剪下来，在它的中心扎一个孔。

用橡皮泥把铅笔固定住。

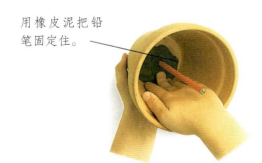

3 把铅笔尖朝外，穿过花盆的底孔。把花盆倒扣。

4 把圆卡纸穿过铅笔放在花盆底上，再用胶水粘牢。

在每个记号旁写下时间。

5 在阳光明媚的早晨，把花盆放在户外，每隔1个小时，画下竖在圆卡纸上的铅笔的投影。

随着太阳在空中移动，铅笔的投影也在卡纸上转动。

不要移动太阳钟。每天的同一时间，投影的位置都相同。

日晷

日晷与你制作的太阳钟的工作原理一样。但是为了使它的报时更加准确，它的指针是以一个特定的角度安装的。在一年中，指针的投影在相同的时间总是落在相同的位置。

6 太阳钟就做好了。你可以根据投影的位置给大家报时了！

图片来源：
B=下，C=中，L=左，R=右
T=上

J. Allan Cash: 29CL; Bruce Coleman / John Shaw: 17BL; Pete Gardner 6BR, 9BL, 27BL; Malvin van Gelderen: 24CR; The Hutchison Library: 11BL; The Image Bank: 13BL; The Image Bank / Bard

Martin: 21BR; The Image Bank / Terje Rakke: 7TL; The Image Bank / Antonio Rosario: 15BL; Steven Oliver: 19BL; Oxford Scientific Films / Doug Allan: 6CL; Science Photo Library / Roberts Isear: 7BL

图片研究： Clive Webster

科学顾问： Valerie Kidd

鸣谢：
Dorling Kindersley would like to thank Jenny Vaughan for editorial assistance; Mrs Bradbury, Mr Millington, the staff and children of Allfarthing Junior School, Wandsworth, especially Daniel Armstrong, Annabelle Baker, Gemma Bradford, Nadeen Flower, Francesca Hopwood Road, Matthew Jones, Jayne Macdonald, Georgie Merton Kate Miller, Ben Sells, Cheryl Small, and Ruth Tross.

什么是天气？

　　天气是你在户外看到的从瓢泼大雨到晴空万里的各种现象，通俗来说，气象学家就是研究天气的科学家。所有的天气类型——晴、雨、雾，以及龙卷风和飓风等，都是由水、风和来自太阳的热这三个要素造成的。总之，它们形成了地球上不断变化的天气。

飓风

　　飓风来临时，风大得足以把树连根拔起，破坏建筑物，造成严重的灾害。

天气预测

　　用本书教你制作的小仪器，你可以研究天气和预测天气将如何变化。

明天的天气

　　气象局等研究机构收集、研究天气信息，并制作这样一幅气象图来预报全国甚至世界各地的天气情况。

从太空中观察

太空中的卫星拍摄并传回的地球照片，有助于气象学家了解更多的天气信息。

季节变化

每个季节都带来天气的变化。当地球绕太阳运行时，面向太阳的地方会变暖，背着太阳的地方会变冷。

请勿打扰

有些动物，如睡鼠，在整个冬季都处于休眠状态，以躲避寒冷的天气。

日光浴

蜥蜴是冷血动物。它喜欢晒太阳，温暖的阳光使它的身体变暖并保持活力。

⚠ 这是警示符号。本书中标注了这个符号的实验步骤，应当请成年人来帮助你完成。

做一个细心的科学家

要按照实验要求做，并始终小心，特别是在使用火柴和剪刀时。不要让任何东西接触口、鼻和眼睛。

气压、湿度和温度可能变化得很慢，或者几乎没有发生变化，所以要让实验仪器工作足够长的时间。千万不要直接对着太阳看。

风从哪里来?

空气从一处移动到另一处,就形成了风。风向标能指示风的来向。风常常带来天气的变化。

准备好:

卡纸

胶水

陶制花盆

尺子

铅笔

橡皮泥

剪刀

标线笔

方形纸

一根竹签

两根吸管

1 将卡纸剪成一个三角形,再如上图所示剪成上下两个部分。

2 将吸管两端剪开口,一头插在三角形卡纸的上半部分,另一头插在三角形卡纸的下半部分,做成一支箭。

⚠ **3** 将竹签插在吸管中间。

将花盆底部的洞对准方形纸的对角线交叉的位置。

4 在方形纸的对角之间用铅笔画出两条对角线。把花盆放在纸上,沿着花盆外沿和内孔用铅笔画两个圈。

5 剪去外圈以外和内圈以内的部分，将圆圈用胶水粘到花盆底部。

当箭的尾翼遇到风时，箭头会转变方向。

从卡纸的剩余部分上剪下4个三角形，粘到每条对角线上，作为指示。用笔沿顺时针方向写上"北""东""南""西"。

6 将另一根吸管插入花盆底部中的洞中，并用橡皮泥固定住。把第3步的竹签插入吸管。风向标就做好了。

东

南

北

西

风向标的箭头指向写有"北"字的三角形时，表示北风。

风向袋

在机场跑道旁的风向袋，是用来为飞行员指示风向，帮助飞行员安全着陆和起飞的。方向袋靠风力飘起来的程度，显示出风力的大小。

风　速

刮风时，空气运动的速度有多快呢？做一个风速表，就可以测出风的速度，使你了解风（但不是强阵风）在一段时间内刮得有多大。

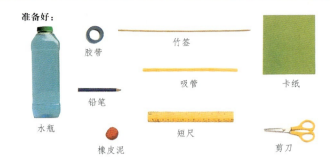

准备好：

胶带　竹签　吸管　卡纸　铅笔　水瓶　橡皮泥　短尺　剪刀

画的圆弧越大越好。

1 一只手握住尺子并放在卡纸的一角，另一只手握住铅笔在尺子的另一端转动尺子，这样就在卡纸上画了一个圆弧。

使每条线之间的距离一样。

2 从卡纸的角到圆弧之间画出若干条等长的线，沿曲线剪开卡纸，扇形的部分就是刻度盘。

3 将尺子用胶带粘在竹签上，再把吸管粘在瓶顶上。

固定住吸管，使吸管的一端从瓶顶上面伸出。

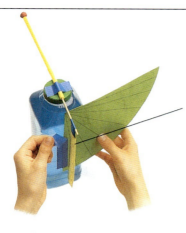

固定住刻度盘，使尺子垂直垂下，对准刻度盘的边缘。

风速取决于气压差，或者说地球大气对物体的压力差。

⚠ **4** 将竹签插入吸管中，竹签头上粘一团橡皮泥。用胶带将刻度盘粘在瓶身上。

5 风速表就做好了。风刮得越大、越快，尺子抬起时对应的刻度就越高。

空气从压力较高的地方向压力较低的地方运动，气压越大，风力越强。

转杯风速表

　　大多数气象站使用左侧这种风速表。风速表上的杯子遇到风，就会转动。风越强，杯子转动得越快。杯子与表示风速的标度盘相接。

太阳罩

空气有多冷，有多热？用温度计可以测出空气的温度。把温度计放在一个特殊的罩中，保护它不接触到太多的阳光，避免影响读数的准确性。

准备好：

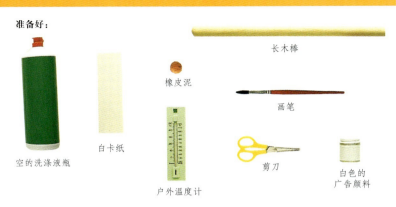

空的洗涤液瓶

白卡纸

橡皮泥

户外温度计

长木棒

画笔

剪刀

白色的广告颜料

⚠ **1** 请成年人帮忙将洗净的空的洗涤液瓶的两端剪下，做成一个两端开口的筒。在上面按木棒直径的大小剪出一个洞。

2 把卡纸剪成与筒的粗细和长度相同的卡片。

3 将木棒穿入筒上的洞，并用橡皮泥固定住。

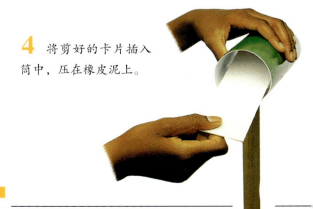

4 将剪好的卡片插入筒中，压在橡皮泥上。

5 筒的外面涂上两层白色广告颜料。太阳罩就做好了。

让白色广告颜料干透。

直射的阳光会使温度计变热，读出的气温偏高。而白色的颜料反射阳光，筒中的温度计读出的气温就比较准确。

空气从放有温度计的筒中流过，温度计即可测出气温。

⚠ **6** 请成年人帮助你将木棒插在地上。把温度计放在卡片上。在一天的不同时间中拿出温度计，记下气温。

你还可以把木棒立在装满土的花盆中。

百叶箱

在气象站，温度计和其他仪器被保护在像这样的白色箱子中免受阳光直射。每个箱子都用木板条制作，以保证空气流通，双层的箱顶可以使其中的仪器避开太阳的直射，防止仪器受热温度升高。

消失的雨水

雨停了，一段时间后，地面干了，雨水去哪儿了？水渗入了地表或者变成了看不见的水蒸气升到空中。观察雨水慢慢消失的过程，你会发现天气是如何影响水的蒸发的。

准备好：

水

记号笔

盘子

1 把盘子放在户外的一块平地上，用它来接雨水。

可以用一个你不再使用的旧盘子。

2 雨停时，沿水面边缘画一条线。离开1小时。

倾盆大雨

在赤道雨林地区，几乎天天下雨。这是因为那里暖湿的空气中有大量的水蒸气。

3 每隔1小时画下水面的边沿，看看水蒸发得有多快。在不同的天气条件下重复这个步骤。

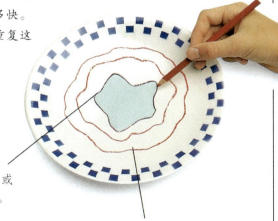

如果空气潮湿，天气凉或无风，雨水就蒸发得慢。

如果空气干燥，天气温暖或多风，雨水就蒸发得快。

水致冷

水蒸发时，带走了热量，所以湿的东西就会变冷。东西变冷的程度与空气的干湿程度有关。

准备好：

 薄布

 橡皮筋

 冷水杯

温度计

 剪刀

 温水

1 用温度计测出现在的气温。然后将冷水与温水混合，直至水温与空气温度相同。

2 剪一片薄布，用橡皮筋将薄布绑在温度计头上。

3 将绑着布的温度计头放入水中，浸泡一会儿之后拿出。

在天气干燥时，由于水的蒸发，薄布变得较冷；在空气潮湿时，布的温度变化不太大。

4 来回摇动温度计，记下读数的变化。看看温度下降了多少，薄布变冷了多少。

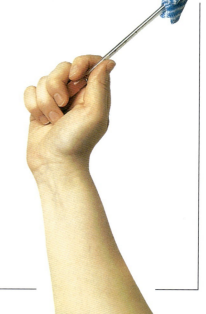

变冷

水蒸发会带走大量热量，这就是游泳后你会觉得冷的原因。水分从你的皮肤表面蒸发时会带走热量。

湿度计

你想知道空气的湿度吗？要想准确预报湿度，就需要测定空气中水蒸气的含量。

准备好：

方形卡纸

标线笔

吸墨纸

纸盒

鸡尾羽枝

卡纸条

打孔器

剪刀

吸管

胶水

大头针

橡皮泥

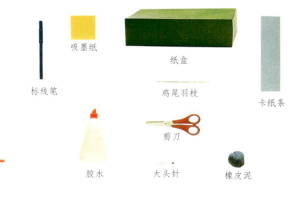

在每张吸墨纸的中心打一个洞。

1 剪下几张吸墨纸，穿在吸管的一头。

2 用橡皮泥将鸡尾羽枝固定在吸管的另一头。指针就做好了。

如果你的手指离吸墨纸太近，可以在吸管的另一端加一点儿橡皮泥以改变平衡点。

⚠ 3 用手指找出吸管的平衡点，请成年人帮助在吸管的平衡点穿入大头针。

剪出两个切口作支点。

4 将方卡纸对折当作支点，将其用胶水粘在盒子的一端。

5 将吸管在支点上放平，在卡纸条上画出标尺，用胶水把卡纸条粘在盒子上，标上开始点。湿度计就做好了。

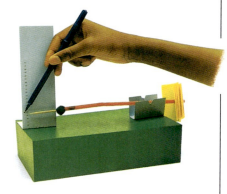

6 把湿度计分别放在干燥的空气和潮湿的空气中。在潮湿的空气中，指针上升；在干燥的空气中，指针下降。

在潮湿的空气中，吸墨纸吸收水蒸气，吸墨纸变重，指针上升。

如果空气干燥，则吸墨纸变干、变轻，所以指针下降。

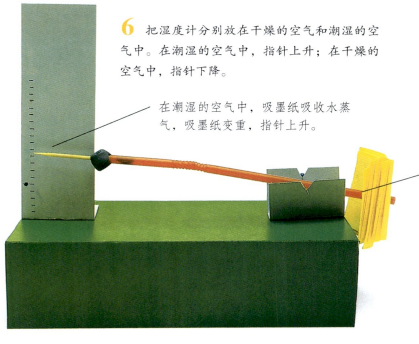

在各种地方试一试：
厨房
水汽多的洗澡间
顶楼
地下室
暖气管附近
（使湿度计避开气流）

松果可以预报天气

　　你知道松果能预报天气吗？在干燥的空气中，松果上的鳞片是张开的，说明此时天气晴好；空气潮湿时松果上的鳞片是闭合的，表明可能要下雨。

制造雾

雾是飘浮在空气中的小水滴，是空气中的水蒸气变冷凝结后形成的。这就是为什么在寒冷的冬天，你说话和呼气时能哈出白气的原因。

准备好：

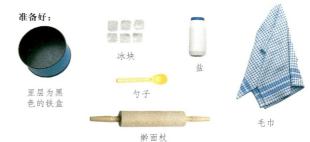

里层为黑色的铁盒　　冰块　　勺子　　盐　　擀面杖　　毛巾

1 把冰块包在毛巾中，用擀面杖压碎。

2 把压碎的冰块放入铁盒中，撒上盐，搅拌均匀。

撒过盐的冰块上的空气会变得很冷。你呼吸产生的水汽在冷空气中凝结，就形成了雾气。

3 等上几分钟，在撒过盐的冰块上哈气，雾就会出现了。

多雾的早晨

夜间，地面变得很冷。靠近地面的空气中的水汽凝结，就形成了晨雾。

结霜的玻璃杯

天气寒冷时，地面和树枝上常常会结霜。你可以在玻璃杯中制造霜，了解霜是如何形成的。

准备好：

勺子

棉棒

凡士林

玻璃杯

碎冰块

盐

1 用棉棒沾上凡士林，在玻璃杯壁上画上星形图案。

2 把碎冰块放进玻璃杯中，撒上盐后搅拌均匀。

3 几分钟后，玻璃杯的外壁上就会慢慢地形成霜。

玻璃杯周围空气中的水蒸气，在玻璃杯冰冷的表面上凝结，形成一层薄薄的冰晶。

水不会在凡士林上凝固，也就不会产生霜。

冬季的玻璃窗

霜能在玻璃窗上形成美丽的图案。霜在寒冷的晴夜更容易形成，这是因为没有云，温度下降得较快。

瓶子中的云

空气中的云是怎么形成的？你可以通过在瓶子中制造人工云来寻找答案。水汽凝结在飘浮于空气中的微小尘粒上，形成极小的水滴。千千万万的极小水滴就形成了云。

准备好：

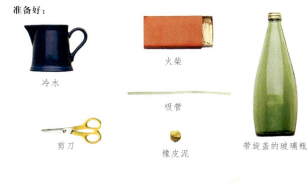

冷水

火柴

吸管

剪刀

橡皮泥

带旋盖的玻璃瓶

⚠ **1** 请成年人在瓶盖上打个洞。

一定要封实。

2 在洞中插入吸管，用橡皮泥密封。

3 往瓶中倒入一点儿冷水，转圈摇晃瓶子，然后把水倒出。

⚠ **4** 请成年人点燃一根火柴，然后吹灭火柴，把冒烟的火柴放入瓶中，让烟进入瓶子。

靠近瓶颈点燃火柴。

往瓶中吹气，增加
瓶中的压力。

当你松开吸管时，气压
下降，空气变冷。

瓶中的水蒸气附着在
烟尘上，凝结成极小
的水滴，形成云。

5 迅速拧上瓶盖，通过吸管往瓶中用力
吹气。停止吹气，捏住吸管，使空气不会
逸出。

6 松开吸管，当空气冲出瓶子时，
瓶中就产生了云。

山顶积雪
　　云在气压和温度都比较低的高空形成。云中的水滴
能冻结成冰晶，形成雪花降落到地面上。

人造雨

形成云的微小水滴在成为雨并降落之前，需要"胀大""增重"。做一个小实验，看看云是如何变成雨降落下来的吧。

准备好：

装有水的喷壶

橡皮泥

烤盘

1 在桌面上立起一个烤盘，用橡皮泥支撑住。

小水滴挂在烤盘上，与其他水滴聚合而变大。

大水滴重到足以从盘上落下，合并了盘上更多的水滴。

2 调好喷壶嘴，使喷壶能喷出细雾。往烤盘上喷水。一些水滴挂在烤盘上，而另一些则汇聚在一起落下。

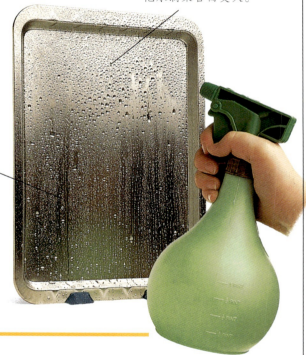

雨天

乌云是由众多的小水滴组成的，足以遮住太阳。云中飘浮的小水滴汇聚而形成较大的水滴。大水滴再变大到一定程度就开始降落，这就是雨。

虹

为什么有时雨后会出现一条耀眼的彩虹？做一个小实验，制造一条人工彩虹，从中会找到答案。

准备好以下材料：

盛有水的球形鱼缸

黑色卡纸

白色卡纸

1 把一张桌子放在有阳光的地方，在桌上放上黑色卡纸，然后把鱼缸放在其上面。

美丽的彩虹

如果太阳在你身后，你就不能看到彩虹。每个雨滴都是一个微小的透明球体，它们能把阳光折射成不同颜色的光，这些多彩的光线就形成了彩虹。

当阳光通过球形鱼缸时，折射在卡纸上的光线就形成了彩虹。

2 把白色卡纸放在鱼缸的一侧，让卡纸对着你的一面是阴暗的。卡纸上就会出现彩虹。

雨量器

　　毛毛细雨的降雨量是多少？倾盆大雨的降雨量又是多少？做一个雨量器就可以测出。雨从雨量器顶部落入，在底部汇集，因而可以测出雨量的多少。

准备好：

玻璃球　　　　尺子　　　　塑料瓶

剪刀　　　胶带　　　水杯

⚠ **1**　请成年人剪下塑料瓶的瓶顶。剪下部分的口径要与瓶底部分的口径一致。

用尺子量好距离，每10毫米贴一条胶带。

最下面胶带的颜色与其他胶带的不同。

2　在瓶子的一侧贴上细胶带，作为标尺。

用玻璃球压在瓶底，使瓶子不致翻倒。

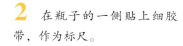

3　把玻璃球放在瓶底，将剪下的瓶顶倒扣在瓶子上，并用胶带粘好。

4 将水倒入瓶中，使水位达到标尺的底线。雨量器就做好了。

把雨量器放在户外，避开树木和屋檐附近。

以毫米为单位，记录每天的降雨量。然后将水倒出，再次将水倒入直至雨量器标尺的底线。

5 将雨量器在下雨前放在户外。雨停后，看一看水面到达标尺多高的位置。

专业雨量器

    这是一台气象站使用的专业雨量器。它宽阔的顶部收集雨水，雨水通过一根吸管进入降雨量器，从而测出降雨量。通常，气象站每天都记录降雨量。

瓶制气压计

做一个气压计来测量气压。气压突然下降，通常会带来暴风雨天气；反之，气压上升，意味着持续的好天气。

准备好：

铅笔

棉线

纸盒

剪刀

竹签

纸扣钉

带盖的塑料瓶

胶带

标线笔　　　细长杆

1 挤出瓶中的空气，拧紧瓶盖，让瓶子保持扁平。

在纸盒侧面的一端位于高度的中间位置，扎一个小洞。

让这两个洞接近纸盒的上部。

⚠ **2** 如图所示，用铅笔在纸盒的一边扎一个小孔，并在纸盒的两端各扎出一个小洞。

在瓶子下面垫一些柔软的纸。

⚠ **3** 将捏扁的瓶子放入盒中，然后将竹签穿过纸盒两端的洞。

4 把棉线系在细长杆上。用纸扣钉夹住细长杆，并穿入纸盒侧面的洞。

将细长杆作为指针，需要保持水平，并且容易上下移动。

5 将棉线绕过竹签，并粘到压扁的瓶子上。

6 在盒上的指针下面画出标尺，注明起始点。

气压下降使瓶子微微膨胀，棉线放松，指针下降。

气压上升挤压瓶子，压力加大，拉动棉线，指针上升。

7 气压计就做好了，当气压上升时，指针上移；当气压下降时，指针下移。

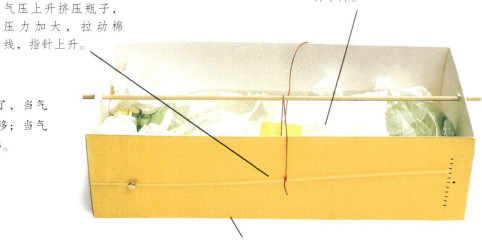

将气压计放在室内，避免阳光直射和直接受热。

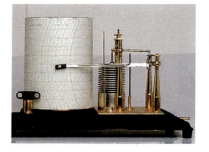

专业气压计

　　这台气压计有一个可以上下移动的指针，在网线图上指示气压。它同你制作的气压计的工作原理是一样的，只不过是用一个金属容器代替了瓶子。

光照记录器

做一个光照记录器，记录并追踪太阳在天空中的路径。记录器的工作原理是阳光能够加热它所接触到的一切东西。所以要小心！

准备好：

大花盆

放大镜

水壶

铝箔纸

彩色胶带

两个夹子

剪刀

将胶带粘在距铝箔纸上边缘4厘米处。

1 拿一片铝箔纸，剪下两条与铝箔纸同样长的胶带，粘到铝箔纸上。

2 剪去铝箔纸的下部。

3 用夹子将铝箔纸夹在花盆里。

你可能需要用胶带固定放大镜。

4 把放大镜插在水壶嘴上。

5 在有阳光的早晨，放好水壶，调好花盆的位置，让阳光的聚光点照在胶带的上部。

不时地调整放大镜，以便让阳光聚焦在胶带上。

阳光的热量足以灼坏胶带。

上午10点

上午11点

上午12点

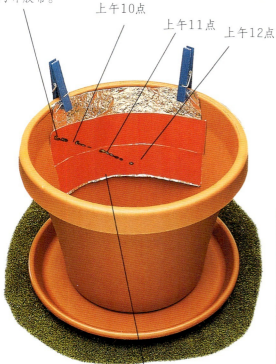

6 当太阳在天空中移动时，灼点的轨迹会留在胶带上，指示出太阳移动的轨迹和太阳被云遮住的时刻。

记录光照

这个光照记录器的玻璃球能将阳光聚焦在带有时间标尺的卡片纸上。热使卡纸烧穿，记录下白天的光照。

太阳被云遮住时，不会留下灼点。

图片来源：
B=下，C=中，L=左，R=右
T=上

FLPA /R P Lawrence: 7CL;
Geoscience Features: 25BL; The
Hutchison Library: 22BL; The Image
Bank / Nicholas Foster: 19BR; The
Image Bank / Angelo Lomeo: 21BL;
The Image Bank / Terje Rakke; 9BL;
National Meteorological Library:

7TL, 13BL, 23C, 29BR; Oxford
Scientific Films: 7B; Pictor
International: 15BL; Planet Earth /
John Lythgoe: 14BL; Tim Ridley:
17BR; Karl Shone: 27BL; Science
Photo Library: 6TR; John
Woodcock: 6BR; Zefa / Kalt: 18BR;
Zefa / Justitz: 11BL

图片研究：Clive Webster

科学顾问：Jack Challoner

鸣谢：
Dorling Kindersley would like to thank
Tim Ridley for additional photography;
Jenny Vaughan for editorial assistance;
Mrs Bradbury, Mr Millington, the staff
and children of Allfarthing Junior
School, Wandsworth, especially Daniel
Armstrong, Nadeen Flower, Matthew
Jones, Keisha Mcleod, Kata Miller,
Claire Moore, Louise Reddy, and
Cheryl Smith.